IORLUMUN TARLUMUN
ONU PAUL AGADA
ESTHER NGUEMO UJIA

Impacto da rádio na promoção da agricultura sustentável

IORLUMUN TARLUMUN
ONU PAUL AGADA
ESTHER NGUEMO UJIA

Impacto da rádio na promoção da agricultura sustentável

em Comunidades agrícolas

ScienciaScripts

Imprint

Cover image: www.ingimage.com

This book is a translation from the original published under ISBN 978-3-659-95650-8.

Publisher:
Sciencia Scripts
is a trademark of
Dodo Books Indian Ocean Ltd. and OmniScriptum S.R.L publishing group

120 High Road, East Finchley, London, N2 9ED, United Kingdom
Str. Armeneasca 28/1, office 1, Chisinau MD-2012, Republic of Moldova, Europe
Managing Directors: Ieva Konstantinova, Victoria Ursu
info@omniscriptum.com

Printed at: see last page
ISBN: 978-620-8-38156-1

ÍNDICE

Impacto da *rádio* na promoção da agricultura *sustentável* em Comunidades agrícolas

BY

IORLUMUN TARLUMUN

ONU PAUL AGADA

ESTHER NGUEMO UJIA

Resumo:

Este estudo explora a eficácia dos programas agrícolas de rádio no desencorajamento das práticas de queimadas entre as comunidades agrícolas do Estado de Benue, na Nigéria. Destaca como a rádio serve como um meio acessível para alcançar audiências rurais, fornecendo informações sobre práticas agrícolas sustentáveis e as consequências ambientais das queimadas. As principais conclusões revelam que programas específicos como "Farmers Digest", "Filling the Basket" e "You and Your Environment" desempenham um papel significativo na educação dos agricultores. No entanto, o estudo identifica desafios como o conteúdo deficiente dos programas, barreiras linguísticas e audiência limitada que impedem o impacto destas campanhas radiofónicas. O estudo recomenda melhorar o conteúdo do programa, utilizando dialectos locais, e manter a frequência da campanha para garantir o envolvimento contínuo e a eficácia na promoção de práticas agrícolas sustentáveis.

CAPÍTULO UM
INTRODUÇÃO

1.1 Antecedentes do estudo

O rádio como mídia de transmissão provou ser um importante agente de socialização e ferramenta de mudança social, especialmente agora que as pessoas dependem das mensagens da mídia. A capacidade do rádio de definir a agenda da sociedade o posicionou estrategicamente como um agente de mudança, que possui a influência para moldar a opinião das massas (Nwosu, 2019). De acordo com Griffins (2015), pode ser possível usar os media para levar as pessoas a agir em nome da sua própria saúde e bem-estar ou a fazer coisas certas. Desde ajudar com competências básicas de leitura até fornecer informações sobre aspectos políticos, económicos, culturais e outros aspectos importantes da vida.

De acordo com Okunna (2019), os meios de comunicação social desempenham uma série de funções que beneficiam o indivíduo e a sociedade em geral. Essas funções variam de funções informativas e educacionais sérias a funções mais leves, como entretenimento. As funções da imprensa escrita na sociedade incluem o fornecimento de informações, isto é, o fluxo constante de informações sobre eventos e acontecimentos na sociedade. Uma das consequências positivas desta função é a orientação que dá aos indivíduos na sua vida quotidiana. Além disso, outra função dos meios de comunicação social é a interpretação das notícias, ou seja, a função de interpretar adequadamente as notícias e a informação de modo a evitar uma sensibilização excessiva e a induzir uma ação adequada ou necessária. Inclui prescrever o que fazer, como fazer e porque é que é necessário fazer.

Educação: A rádio ajuda a unificar a sociedade e aumenta a coesão social ao defender o ensino de uma ampla base de normas sociais comuns, valores e experiências colectivas. A rádio fá-lo principalmente através da educação informal (aprendizagem inconsciente) e da educação não formal (tentativa de transmitir conhecimentos fora do sistema escolar formal).

A rádio é o instrumento mais poderoso para a formação da opinião pública nos tempos actuais. Através da divulgação de informação e educação, a rádio ajuda a definir uma agenda para as pessoas, influenciando e moldando assim a opinião pública. O poder dos media noticiosos para definir a agenda de uma nação, para concentrar a atenção do público em algumas questões públicas fundamentais, é uma influência imensa e bem documentada. Não só as pessoas adquirem informações factuais sobre assuntos públicos através dos meios de comunicação social, como os leitores e os telespectadores também aprendem a dar importância a um tópico com base na ênfase que lhe é dada nas notícias (McCombs 1972). A rádio fornece uma série de pistas sobre a importância dos tópicos nas notícias diárias, comentários de notícias, outros programas de radiodifusão, etc. Os noticiários radiofónicos também oferecem inúmeras pistas sobre a saliência - a história de abertura do noticiário, a duração do tempo dedicado à história, etc. Estas pistas, repetidas dia após dia, comunicam efetivamente a importância de cada tópico. Por outras palavras, os meios de comunicação social podem definir a agenda da atenção do público para aquele pequeno grupo de questões em torno das quais se forma a opinião pública (Lippman 1922).

A radiodifusão foi identificada como o meio com maior potencial de eficácia nos países em desenvolvimento. Oso (2012, p.153) confirma esta afirmação quando diz que: "Sem dúvida, ela (a rádio) tem o maior alcance, tendo penetrado em todos os cantos e recantos destes países (países em desenvolvimento). É o meio de comunicação de massas mais barato e mais acessível. Como demonstrou o vendedor de Suya Hausa-Fulani ou o criador de gado ou a mulher do mercado de Dugbe em Ibadan, tudo o que é preciso para ter acesso a um programa de rádio é um ouvido a funcionar". Além disso, Oyeyinka, Bello e Ayinde (2014) argumentam que a rádio é um dos vários veículos através dos quais a informação está a ser transferida na

Nigéria e no mundo em geral. Foi reconhecida em muitos textos como o mais utilizado. A razão da sua ampla aceitação não pode ser separada do facto de ser barato de adquirir e de poder funcionar com ou sem eletricidade, desde que haja pilhas secas disponíveis. Isto justifica a razão pela qual o seu público não se limita a pessoas alfabetizadas e maioritariamente urbanas, mas também a pessoas das zonas mais remotas do mundo, ou seja, as populações rurais.

O poder da rádio não é limitado ou peculiar apenas à Nigéria, mas à maioria das nações em desenvolvimento. Myers (2018) afirmou que a rádio é o meio de comunicação de massas dominante em África, com o maior alcance geográfico e as maiores audiências em comparação com a televisão, os jornais e outras tecnologias de informação e comunicação (TIC). Em geral, a rádio está a desfrutar de um renascimento e o número de pequenas estações locais explodiu nos últimos vinte anos, devido à democratização e à liberalização do mercado e também a tecnologias mais acessíveis. De acordo com Myers (2018), a rádio parece ter provado ser uma ferramenta de desenvolvimento, particularmente com o surgimento de rádios comunitárias e locais, que facilitaram um tipo de comunicação muito mais participativo e horizontal do que era possível com o modelo de transmissão mais antigo e centralizado das décadas de 1960 e 70.

A rádio provou, ao longo das horas, ser um meio eficaz para ter impacto e provocar mudanças significativas na sociedade. Tem sido utilizada em algumas campanhas muito notáveis, como a campanha contra a toxicodependência, a campanha contra a covid-19, etc. Durante a pandemia de covid-19, programas de rádio como o *Radio Doctor* desempenharam um papel importante, uma vez que forneceram actualizações diárias sobre o número de infecções de doentes, quer este aumentasse ou diminuísse em todo o mundo. Além disso, o nível sem precedentes de informação em tempo real disponível para o público ajudou-o a tomar decisões de saúde informadas (Smith, 2020).

A agricultura é um sector vital na Nigéria, proporcionando emprego e contribuindo significativamente para a economia do país. No entanto, o sector tem enfrentado desafios, incluindo o envelhecimento da população agrícola e as queimadas. A queima de mato é uma prática comum entre as comunidades agrícolas na Nigéria e foi identificada como um dos principais contribuintes para a desflorestação e a degradação ambiental no Estado de Benue. A utilização da rádio como ferramenta para desencorajar esta prática tem sido estudada como forma de educar e sensibilizar as comunidades agrícolas para os impactos negativos das queimadas e para métodos agrícolas alternativos (Agada, 2021). Os estudos (Bamgboye, 2013 e Lanre, 2011) mostraram que os programas de rádio podem ser eficazes no fornecimento de actividades de informação, educação e comunicação (IEC) e na promoção de mudanças comportamentais entre as comunidades agrícolas. Os programas incluem frequentemente discussões sobre os impactos ambientais e económicos das queimadas, bem como informações sobre técnicas agrícolas alternativas que não requerem o uso do fogo. Além disso, também promove a utilização de métodos agrícolas modernos para melhorar o rendimento e a qualidade das colheitas, o que pode ajudar a aumentar o rendimento dos agricultores e a melhorar os seus meios de subsistência. No geral, os estudos sugerem que a rádio pode ser uma ferramenta eficaz para promover práticas agrícolas sustentáveis e reduzir a incidência de queimadas no Estado de Benue (Agada, 2021).

1.2 Declaração do problema

A rádio tem sido utilizada nos últimos tempos para lidar com várias questões ambientais na sociedade. Algumas destas questões ambientais vão desde a má gestão de resíduos, inundações, alterações climáticas, etc. Apesar das potencialidades da rádio como instrumento de divulgação de informação e de promoção de mudanças de comportamento, as queimadas continuam a ser um problema persistente nas comunidades agrícolas do Estado de Benue. Por conseguinte, é necessário investigar a eficácia da rádio para desencorajar as queimadas.

Tendo em conta as consequências das queimadas para a sociedade, este estudo procura avaliar o papel da rádio no desencorajamento das queimadas nas comunidades agrícolas do Estado de Benue.

1.3 Objectivo do estudo

O objetivo geral do estudo é avaliar a influência dos programas agrícolas da rádio na campanha contra as queimadas no Estado de Benue. No entanto, os objectivos específicos são;

1. Determinar os programas agrícolas radiofónicos que podem ser utilizados na campanha contra os incêndios florestais no Estado de Benue.
2. Avaliar o impacto dos programas agrícolas radiofónicos na campanha contra os incêndios florestais no Estado de Benue.
3. Determinar a eficácia dos programas agrícolas radiofónicos na campanha contra os incêndios florestais no Estado de Benue.
4. Estabelecer os factores que dificultam os programas agrícolas da rádio na campanha contra os incêndios florestais no Estado de Benue.

1.4 Questão de investigação

1. Quais são os programas agrícolas de rádio que podem ser utilizados na campanha contra as queimadas no Estado de Benue?
2. Qual o impacto dos programas agrícolas da rádio na campanha contra as queimadas no Estado de Benue?
3. Qual a eficácia dos programas agrícolas da rádio na campanha contra as queimadas no Estado de Benue?

4. Quais são os factores que dificultam os programas agrícolas da rádio na campanha contra as queimadas no Estado de Benue?

1.5 Significado do estudo

Este estudo será benéfico para as seguintes categorias.

As comunidades agrícolas considerá-lo-ão útil na medida em que os resultados deste estudo lhes revelarão os perigos da prática de queimadas e as suas consequências para a comunidade.

As estações de rádio considerarão este estudo útil na medida em que os resultados lhes revelarão como disseminar eficazmente mensagens destinadas a desencorajar as queimadas. Além disso, mostrar-lhes-á formas de melhorar os modelos e abordagens já existentes para desencorajar a queima de arbustos.

Além disso, este estudo beneficiará o governo e os decisores políticos, porque as conclusões deste estudo orientá-los-ão na elaboração de leis que melhorarão a condição ambiental da sociedade.

Por último, os investigadores e académicos da comunicação de massas e de outras disciplinas relacionadas beneficiarão com este estudo porque as conclusões servirão de pontos de referência. Mais ainda, as conclusões conduzirão a uma nova investigação sobre o assunto em causa.

1.6 Âmbito do estudo

Este estudo foi concebido para avaliar a influência dos programas agrícolas da rádio na campanha contra a queima de arbustos no Estado de Benue. O estudo está geograficamente delimitado para abranger o Estado de Benue.

1.7 Definição operacional dos termos

Queima de arbustos: Tal como utilizado no estudo, é o ato deliberado ou não intencional de atear fogo a arbustos para limpar a vegetação por parte de agricultores em comunidades agrícolas no Estado de Benue.

Campanha: Tal como utilizado no estudo, é a utilização de programas agrícolas de rádio na campanha contra as queimadas no Estado de Benue.

Rádio: No contexto deste estudo, refere-se ao dispositivo eletrónico que pode ser utilizado para desencorajar a queima de arbustos nas comunidades agrícolas do Estado de Benue.

Influência: Tal como utilizado no estudo, refere-se ao efeito dos programas agrícolas da rádio na campanha contra as queimadas no Estado de Benue.

CAPÍTULO DOIS

REVISÃO DA LITERATURA RELACIONADA

2.1 Revisão dos conceitos

2.1.1 Rádio

Onabajo (1999) descreve a rádio como "uma das muitas formas de fazer chegar as mensagens a um grande número de pessoas ao mesmo tempo, porque transcende a fronteira do espaço e do tempo e também ultrapassa as barreiras do analfabetismo". Da mesma forma, Olarinmoye (2013) explica que a rádio é o equipamento de comunicação social mais importante, porque atinge públicos maiores. Isso porque é rápido, à medida que os eventos ocorrem, eles são relacionados ao público potencial. Onabajo (2019) afirma ainda que a rádio pode persuadir e influenciar efetivamente uma grande audiência, contribuindo assim substancialmente para a construção de um consenso nacional. Além disso, é um instrumento poderoso na área do esclarecimento público, em questões de saúde, planeamento familiar, despertar cultural, melhoria de negócios e outras questões de desenvolvimento social (Onabajo, 2019). A rádio tem a capacidade de chegar a milhões de pessoas em simultâneo, mas fala a um indivíduo pessoalmente.

O ouvinte sente-se um grande companheiro na sua rádio, especialmente quando esta está a discutir algo tão relevante, sensível ou pessoal para ele (Kuewumi, 2019). É espantoso como a rádio consegue chegar a um grande número de pessoas e continua a ser tão pessoal para cada indivíduo que a ouve. Os ouvintes dependem muito da rádio para obter informação, entretenimento e educação. É uma companhia para o seu ouvinte. Os programas de interesse têm, por isso, uma forte influência sobre o ouvinte que, em caso de falha de energia ou de falta de pilhas, o dia do ouvinte parece incompleto. A rádio, para aqueles que a amam, é talvez mais do que um amigo, porque a linguagem da rádio é muitas vezes suave e gentil, apelativa, didática e persuasiva (Kuewumi, 2019).

A rádio tem a capacidade de responder aos seus ouvintes quando são enviadas mensagens, através de chamadas telefónicas, mensagens de texto, redes sociais (Twitter, Facebook, etc.). Esta (natureza interactiva da rádio) coloca os membros de uma audiência em contacto uns com os outros e cria um fluxo horizontal de comunicação. McLeish (2005) explica que a rádio é selectiva. Isto significa que a escolha para o ouvinte está apenas no seu desligamento mental que ocorre durante um item que não mantém o seu interesse, ou quando ele sintoniza outra estação. A rádio permite que o seu ouvinte selecione consciente ou inconscientemente os conteúdos, ao contrário de outros meios de comunicação de massas (jornais, revistas) em que o leitor tem demasiados conteúdos para decidir a que deve prestar atenção em primeiro lugar. Kuewumi (2009), citando McLeish (2015), referiu-se à rádio como um meio cego que pinta quadros na mente do ouvinte. Um meio cego, mas que tem a capacidade de estimular a imaginação de tal forma que, assim que uma voz sai do altifalante, o ouvinte tenta visualizar o que ouve e criar na mente o dono da voz. No fundo, os ouvintes muitas vezes detectam e criam cenários só de ouvir sons, mas trata-se de um meio cego.

A vantagem mais importante que a rádio oferece é a sua capacidade de atingir públicos específicos através de programação especializada. A rádio pode ser adaptada para diferentes partes do mundo e pode chegar às pessoas em diferentes momentos do dia, porque os seus sinais são fortes e podem chegar a quase todos os cantos do mundo, com o uso de streaming online (Odetoyinbo, 2018). A rádio não é cara. Obter um aparelho de rádio é muito barato, em comparação com outros meios. Pode assumir a forma de um rádio transístor e de telemóveis Android. É portátil. Pode ser facilmente transportado. Ao contrário de outros meios que requerem toda a atenção, a rádio pode ser ouvida enquanto se faz outras actividades, como conduzir, fazer tarefas domésticas, ler, etc. A rádio é mais rápida e flexível na apresentação de notícias e acontecimentos do que todos os outros meios de comunicação de massas; isto porque, à medida que os acontecimentos ocorrem, são relacionados com a audiência. Dá aos ouvintes a oportunidade de fazerem escolhas informadas sobre as decisões a tomar. É interativo e permite um feedback imediato da audiência. Os ouvintes podem telefonar e falar imediatamente com uma personalidade da rádio sobre um assunto que está a ser discutido. Isto torna o programa mais interativo e permite que vários ouvintes dêem a sua opinião.

As mensagens de rádio podem ser facilmente compreendidas. No entanto, uma das maiores desvantagens da tecnologia de comunicação via rádio é o alcance limitado de um sinal de rádio se essa estação não estiver a transmitir online. Um sinal de rádio potente só é capaz de atingir receptores dentro de uma região geográfica específica. Isto implica que é necessária uma vasta rede de estações de rádio para comunicar eficazmente com um grupo grande ou disperso de receptores. De acordo com (Hartman, 2019), os sinais de rádio são também susceptíveis de sofrer interferências das condições atmosféricas e de outras emissões. Além disso, pode ser difícil receber um sinal claro a partir de determinados locais, como zonas protegidas por montanhas. O isolamento de uma estrutura ou a interferência eléctrica de outros aparelhos podem diminuir a eficácia de um recetor de rádio individual.

Tal como a maioria das outras formas de comunicação eletrónica, a rádio requer a presença de eletricidade, tanto no ponto de transmissão como no ponto de receção. Embora os rádios alimentados por pilhas sejam comuns, estas necessidades de energia são mais pesadas do que as dos telefones fixos, que podem funcionar utilizando a eletricidade já existente nas linhas para fazer chamadas, mesmo durante períodos de emergência ou cortes de energia. Um transmissor de rádio potente, como uma estação de radiodifusão regional, necessita de grandes quantidades de eletricidade em permanência para enviar o seu sinal (Hartman, 2019).

Finalmente, a comunicação via rádio depende de um espetro muito limitado de frequências de largura de banda. É por esta razão que as estações de rádio comerciais parecem, por vezes, sobrepor-se ou misturar-se e que o organismo regulador da rádio, a National

Broadcasting Commission (NBC), regula rigorosamente a utilização de todas as ondas de rádio de propriedade pública. A rádio requer uma quantidade relativamente grande de largura de banda em relação à quantidade de dados que transmite, levando a que cada vez mais espaço aéreo seja atribuído a redes de telemóveis e redes de Internet sem fios.

2.1.2 Programação de rádio

A programação radiofónica consiste nos vários formatos em que os planeadores de informação apresentam vários programas às suas audiências. É a programação de transmissão de um formato ou conteúdo radiofónico que é organizado para estações de rádio comerciais e públicas. De acordo com Dunu in Okunna (2012), a programação na rádio envolve a tarefa de escolher programas e agendá-los numa ordem significativa e avaliar o seu grau de sucesso ou fracasso. Implica a procura e a seleção de materiais para um público-alvo e um mercado pré-determinados. Um programa de rádio é um segmento de conteúdo destinado a ser transmitido na rádio. Pode ser uma produção única ou uma parte de uma série periódica.

A programação radiofónica ocupa um lugar central na radiodifusão porque é o fio condutor e o criador de imagem da radiodifusão. Isto porque uma boa programação radiofónica atrai mais público para uma estação de rádio, fazendo com que uma grande população ouça os programas da estação. E, assim, a estação de rádio ganha mais dinheiro com a publicidade e os anúncios pagos.

O papel da programação radiofónica é cada vez mais crucial na atual situação, em que a regulamentação deu origem a conceitos de privatização e comercialização, o desejo de ganhar dinheiro é agora primordial na radiodifusão, além de que as estações de radiodifusão que até agora gozavam do monopólio da sua audiência enfrentam agora a concorrência das numerosas estações privadas que produzem programas mais interessantes através de uma boa programação radiofónica.

A programação é o coração do que torna a estação de rádio óptima. Enquanto a engenharia, a angariação de fundos e a gestão de uma estação de rádio são apenas elementos-chave para a gestão de uma estação, a programação de uma estação de rádio é o que define a estação de rádio. A programação da rádio é o rosto público de uma estação de rádio, onde a estação decide que tipo de música, notícias, assuntos públicos, dramas radiofónicos e muito mais pretende transmitir através das ondas de rádio.

2.1.3 Queima de mato

As queimadas, também conhecidas como incêndios florestais ou queimadas controladas, referem-se à deflagração deliberada ou acidental de incêndios em paisagens naturais, particularmente em áreas ricas em vegetação, como florestas, prados e matagais. É uma prática que tem sido levada a cabo pelos humanos por várias razões ao longo da história, e os seus efeitos podem ter impactos positivos e negativos nos ecossistemas e nas comunidades (Agada, 2021).

A utilização do fogo pelo homem na gestão dos solos tem uma longa história, com provas de queimadas controladas que remontam a milhares de anos. As comunidades indígenas de todo o mundo têm utilizado tradicionalmente as queimadas controladas como instrumento de gestão dos ecossistemas, da agricultura e da caça. Estes incêndios eram muitas vezes ateados intencionalmente durante estações específicas para alcançar os resultados desejados, tais como melhorar a fertilidade do solo, promover o crescimento de novas plantas ou limpar terras para cultivo. O conhecimento e as práticas indígenas em torno das queimadas controladas têm desempenhado um papel crucial na manutenção da biodiversidade e na sustentação dos ecossistemas (Bamgboye, 2013).

Nos tempos modernos, a queima de matos é efectuada para uma série de objectivos. Uma razão importante é a gestão e prevenção de incêndios florestais. O fogo controlado, também conhecido como fogo controlado ou fogo de redução do perigo, envolve a aplicação controlada do fogo em condições ambientais específicas para reduzir o risco de incêndios florestais não controlados. Esta prática tem por objetivo remover as cargas de combustível acumuladas, incluindo vegetação seca e matéria orgânica morta, reduzindo assim a intensidade e a propagação de potenciais incêndios florestais. As agências governamentais, os proprietários de terras e as organizações de gestão de incêndios utilizam frequentemente o fogo controlado como parte das suas estratégias de gestão de incêndios para proteger vidas, propriedades e ecossistemas.

Omada (2015) argumentou que a queima de arbustos também pode ter benefícios ecológicos. O fogo desempenha um papel crucial na formação e manutenção de certos ecossistemas, particularmente em ambientes adaptados ao fogo. Muitas espécies de plantas evoluíram para depender de incêndios periódicos para a germinação de sementes, reciclagem de nutrientes e saúde geral do ecossistema. O fogo pode estimular a libertação de certas sementes de plantas dos seus revestimentos protectores, promovendo a regeneração e a biodiversidade. Pode também ajudar a controlar espécies vegetais invasoras e promover o crescimento de vegetação resistente ao fogo, conduzindo a ecossistemas mais resilientes.

Apesar dos seus potenciais benefícios, os incêndios florestais podem ter consequências adversas. Os incêndios não controlados ou mal geridos podem causar danos ambientais significativos, incluindo a destruição de florestas, a perda de habitat para a vida selvagem, a erosão do solo e a poluição atmosférica. Podem também colocar em risco vidas humanas e bens. Os incêndios florestais descontrolados, alimentados pelas alterações climáticas e pela má gestão dos solos, tornaram-se cada vez mais graves e frequentes em muitas partes do mundo, resultando em custos económicos e ecológicos significativos (Fred, 2014).

Onehi (2015) argumentou que, para mitigar os impactos negativos e garantir o uso responsável do fogo, existem várias diretrizes e regulamentos em vigor em muitos países. Estes regulamentos incluem frequentemente restrições à realização de queimadas durante determinados períodos, requisitos para a obtenção de licenças e a implementação de medidas de segurança adequadas. Além disso, a investigação científica e a monitorização são essenciais para compreender os efeitos ecológicos das queimadas e desenvolver estratégias sustentáveis de gestão do fogo.

Em conclusão, o fogo no mato engloba a utilização deliberada ou acidental do fogo em paisagens naturais para vários fins. Tem impactos positivos e negativos nos ecossistemas e nas comunidades. Quando empregue de forma responsável e no âmbito de quadros de gestão adequados, o fogo em mato pode ser uma ferramenta valiosa para a manutenção dos ecossistemas, a prevenção de incêndios e a gestão das terras. No entanto, requer um planeamento, regulamentação e monitorização cuidadosos para garantir que os seus benefícios ecológicos e sociais são maximizados, minimizando os efeitos adversos.

2.2 Revisão da literatura relacionada

2.2.1 O papel da rádio no desenvolvimento agrícola

A importância da rádio como meio de comunicação de massas no reforço das actividades agrícolas na Nigéria é enorme. Antes da descoberta do petróleo bruto, a agricultura era o principal sector da economia nigeriana e foi o que mais empregou mão de obra no país. Mais de oitenta por cento da população nigeriana são agricultores e residem nas zonas rurais. A acessibilidade das mensagens radiofónicas nas zonas rurais onde se realizam as actividades agrícolas fez da rádio um poderoso instrumento de comunicação entre as comunidades rurais de países em desenvolvimento como a Nigéria. As mensagens agrícolas na rádio podem chegar aos agricultores em zonas remotas isoladas pelo terreno ou pelas condições climatéricas (Youdeowei, 2018).

Kombol (2012) afirma que a comunicação agrícola está intimamente relacionada com o ensino agrícola enquanto profissão. Com base na afirmação de Kombol, a rádio, enquanto meio de comunicação de massas, é uma ferramenta importante para o ensino agrícola. Ele também narrou que a comunicação agrícola começou no início do século 18th como um meio de chegar aos agricultores em áreas rurais distantes e isoladas com informações vitais que irão melhorar a produção e ajudar a resolver problemas comuns na fazenda. Devido à vantagem da rádio em chegar às comunidades rurais quando os trabalhos agrícolas estão a ser feitos, a rádio tornou-se um instrumento poderoso na transferência de mensagens educativas para os agricultores.

Ordan (2012) afirmou que as mensagens radiofónicas podem difundir e reforçar a informação agrícola junto dos agricultores, mas é importante que a informação seja utilizada e não seja interrompida no caminho. Tem de continuar a ser difundida e reforçada por canais interpessoais. Segundo Nwanwene (2012), a rádio também pode estimular a tomada de decisões e a discussão entre grupos de agricultores previamente organizados, o que provoca uma série de reacções à medida que os agricultores individuais transmitem as suas experiências, exprimem os seus receios e procuram obter esclarecimentos junto de especialistas.

A comunicação agrícola é um domínio distinto. Marti, (2019) observa que, nos Estados Unidos, a comunicação agrícola começou em 1800 com uma liga de editores, escritores e repórteres vibrantes que definiram o campo e o estabeleceram como uma entidade separada, diferente de outros tipos de comunicação, por exemplo, comunicação empresarial, comunicação desportiva, reportagem jurídica.

Nesses primeiros tempos, os pioneiros da comunicação agrícola procuraram encorajar a agricultura, apresentando-a como uma empresa comercial e um modo de vida. Na década de 1980, a comunicação agrícola nos Estados Unidos sofreu uma diminuição do número de leitores, uma vez que outras actividades pareciam mais criativas. Esta situação resultou em fracos números de vendas e na redução dos anúncios colocados na publicação agrícola. Em 1987, a empresa ABC Inc. comprou 12 publicações agrícolas à empresa Brace Jovanorich. Lenhert (1991:20), editor de uma das publicações afectadas (Michigan farmer), escreveu sobre as implicações desta aquisição.

> A Michigan Farmer deixaria de ser uma revista exclusivamente dedicada à agricultura do Michigan: após esta aquisição, restariam muito poucas revistas agrícolas dedicadas a este estado. Em vez disso, pelo menos um terço do conteúdo da Michigan farmer viria de outros estados, passando de questões que preocupam os agricultores do Michigan interessados na liderança agrícola e nas infra-estruturas do estado para testemunhos e recomendações sobre culturas como o milho e a soja, comuns a muitos estados.

Garrat, (2014) identifica cinco princípios básicos que são necessários para promover o uso da rádio entre os agricultores. Há pesquisa de audiência, máxima participação, sensibilidade à cultura e religião, incentivo à participação e questões actuais. O autor enumerou ainda estratégias utilizadas na rádio, tais como: radiodifusão aberta, rádio instrutiva, fórum rural de rádio e animação de rádio.

Além disso, Kombol, (2012) observa que a comunicação agrícola é deliberada e visa um objetivo específico. Independentemente da sua fonte, a comunicação de natureza agrícola procura persuadir, informar, educar, demonstrar ou servir de plataforma de interação. Os agricultores, especialmente os que trabalham na agricultura, precisam de ser persuasivos. Os agricultores, especialmente os dos países em vias de desenvolvimento da África subsariana, da América Latina e do Sudeste Asiático, precisam de muita convicção para mudarem de métodos agrícolas primitivos e adoptarem a mecanização, de modo a pararem com práticas que são prejudiciais para a terra e também para formarem sociedades cooperativas, a fim de melhorarem o seu bem-estar comum. Da mesma forma, a comunicação agrícola que procura convencer os agricultores a utilizar sementes de arroz melhoradas é também persuasiva, pois apresenta os benefícios que os agricultores têm a ganhar com a utilização destas sementes, especialmente os potenciais de lucro na colheita (Donkin, 2019).

Mais ainda, os programas de rádio são educativos, porque a agricultura é uma competência que se adquire através da aprendizagem, que apresenta uma situação de "professor-aprendiz". A comunicação agrícola é educativa quando ensina uma competência. Por exemplo, a aplicação de fertilizantes numa exploração agrícola de inhame tem de ser ensinada em termos práticos, uma vez que práticas agrícolas como a criação de aves são tarefas tediosas e delicadas que requerem um conhecimento profundo e a experiência de outros agricultores qualificados (Agada, 2012).

Além disso, os agricultores residem maioritariamente nas zonas rurais do interior, onde a maior parte deles desconhece os métodos agrícolas melhorados. É aqui que entra em jogo o papel informativo da comunicação agrícola. Os programas de rádio sobre agricultura são informativos para os agricultores, que precisam de saber os preços dos produtos no mercado. Quando os agricultores desconhecem a flutuação dos preços dos produtos agrícolas, tendem a fazer vendas em alturas erradas. Por conseguinte, a informação é vital na comunicação agrícola.

2.2.2 Estratégias de comunicação utilizadas pela rádio para desencorajar a queima de mato

As queimadas, também conhecidas como agricultura de "corte e queima", são uma prática comum na Nigéria e em muitos outros países africanos. Embora historicamente tenha sido utilizada como técnica agrícola, as consequências negativas das queimadas são cada vez mais evidentes. Estas incluem a desflorestação, a degradação dos solos, a perda de biodiversidade, a poluição atmosférica e a libertação de gases com efeito de estufa. Para combater este problema, as estações de rádio na Nigéria têm desempenhado um papel fundamental na implementação de estratégias de comunicação destinadas a desencorajar as queimadas e a promover alternativas sustentáveis (Femi, 2014).

Mensagens direcionadas:

Musa (2016) argumentou que as estações de rádio empregam mensagens direcionadas como uma estratégia de comunicação para atingir públicos específicos. Ao segmentar os seus programas e adaptar as mensagens a vários grupos demográficos, as estações de rádio podem abordar eficazmente os diversos factores que contribuem para os incêndios florestais. Por exemplo, os programas de rádio podem concentrar-se em educar os agricultores sobre práticas agrícolas alternativas, enfatizando os benefícios a longo prazo da agricultura sustentável e destacando histórias de sucesso de agricultores que abandonaram as queimadas. Mensagens direcionadas garantem que a comunicação ressoa com a audiência pretendida e aumenta a probabilidade de mudança de comportamento.

Envolvimento da comunidade:

O envolvimento das comunidades locais é crucial para o sucesso das campanhas de comunicação. As estações de rádio envolvem ativamente líderes comunitários, associações de agricultores e outras partes interessadas no desenvolvimento e disseminação de programas. Ao promover o diálogo e fomentar um sentido de propriedade, as estações de rádio podem abordar eficazmente os factores culturais e sociais que contribuem para os incêndios florestais. As iniciativas de envolvimento da comunidade podem incluir programas de entrevistas, programas de chamadas e dramatizações de rádio interactivas, permitindo que os membros da comunidade expressem as suas preocupações, partilhem experiências e discutam possíveis soluções (Otse, 2013).

Vozes de especialistas:

A inclusão de vozes de especialistas em programas de rádio aumenta a credibilidade e a eficácia das campanhas de comunicação. Especialistas como cientistas ambientais, agrónomos e conservacionistas podem fornecer informações baseadas em evidências, estatísticas e conselhos práticos sobre práticas de gestão sustentável da terra. Dwight (2018) afirmou que, ao apresentar entrevistas com especialistas, painéis de discussão e sessões de perguntas e respostas, as estações de rádio se estabelecem como fontes confiáveis de informação e incentivam a mudança de comportamento com base em recomendações de especialistas.

Utilização das línguas locais:

Na Nigéria, onde a diversidade linguística é predominante, as estações de rádio aproveitam o poder das línguas locais para se ligarem aos ouvintes. A radiodifusão nas línguas locais aumenta a acessibilidade e garante que as mensagens são compreendidas pelo público-alvo. Ao incorporar referências culturais indígenas, provérbios e técnicas de narração de histórias, os programas de rádio criam uma sensação de familiaridade e ressoam com as comunidades locais, promovendo, em última análise, a adoção de práticas de gestão sustentável da terra (Lekan, 2015).

Avaliação da eficácia:

Para medir o impacto das estratégias de comunicação, as estações de rádio utilizam vários métodos de avaliação. São realizados inquéritos, entrevistas e grupos de discussão para avaliar as mudanças de conhecimento, atitudes e comportamentos entre o público-alvo. A monitorização dos dados de escuta e o feedback dos ouvintes também fornecem informações valiosas sobre a eficácia das campanhas de comunicação. Esta avaliação contínua permite às estações de rádio aperfeiçoar as suas estratégias e melhorar o impacto global dos seus programas.

Ayande (2015) observou que as estratégias de comunicação utilizadas pelas estações de rádio na Nigéria para desencorajar a queima de arbustos desempenham um papel crucial na sensibilização, na promoção de alternativas sustentáveis e na promoção de mudanças de comportamento. Mensagens direcionadas, envolvimento da comunidade, vozes de especialistas e o uso de línguas locais surgiram como estratégias eficazes para enfrentar este desafio ambiental. Para aumentar a eficácia da comunicação via rádio.

2.2.3 Problemas associados à rádio na campanha contra as queimadas

O fogo de mato, também conhecido como fogo controlado ou fogo controlado, refere-se à deflagração intencional de incêndios na vegetação para vários fins, como a gestão de terras, práticas agrícolas e caça. Embora o fogo de mato possa ter certos benefícios, incluindo a promoção da diversidade ecológica e a redução da carga de combustível, também apresenta desafios e riscos significativos, incluindo a degradação ambiental, a poluição atmosférica e a ameaça à vida humana e à propriedade.

As queimadas têm sido uma prática de longa data em muitas regiões do mundo. No entanto, as consequências negativas associadas às queimadas descontroladas levaram a um aumento dos esforços para desencorajar esta prática. A rádio, como meio de comunicação de massas, tem sido utilizada para disseminar informação e aumentar a consciencialização sobre os efeitos prejudiciais das queimadas. No entanto, existem vários desafios associados à utilização da rádio como uma ferramenta eficaz para desencorajar esta prática. Estes desafios, de acordo com Ameh (2016), incluem;

Alcance e acesso limitados:

Uma das principais limitações da comunicação via rádio é o seu alcance restrito, particularmente em áreas rurais e remotas onde as queimadas são predominantes. Os sinais de rádio podem não ser acessíveis às comunidades que residem em regiões geograficamente isoladas, resultando numa disseminação limitada de informação e programas educativos destinados a desencorajar as queimadas.

Barreiras linguísticas e culturais:

As emissões de rádio enfrentam frequentemente desafios relacionados com as barreiras linguísticas e a diversidade cultural. Em sociedades multiculturais, pode ser difícil transmitir mensagens de forma eficaz e garantir que são compreendidas por todos os ouvintes. Para além disso, as crenças tradicionais e as práticas culturais relacionadas com as queimadas podem entrar em conflito com as mensagens comunicadas através da rádio, reduzindo a eficácia destas campanhas.

Falta de interatividade:

Ao contrário de outras formas de comunicação, como as redes sociais ou os programas de envolvimento da comunidade, a rádio não fornece feedback imediato nem incentiva discussões interactivas. Esta falta de interatividade limita o potencial de envolvimento e participação da audiência em iniciativas destinadas a desencorajar as queimadas. As plataformas interactivas permitem a partilha de experiências, a troca de ideias e a adoção de práticas alternativas de gestão de terras.

Frequência e tempo insuficientes:

Desencorajar eficazmente as queimadas requer mensagens consistentes e disseminação de informação atempada. No entanto, os programas de rádio sobre este tópico são muitas vezes limitados em frequência e podem não coincidir com os períodos em que as actividades de queimadas são predominantes. Para resolver este problema, é necessária uma estratégia de difusão mais abrangente, garantindo que as mensagens são transmitidas regularmente e durante as estações apropriadas.

Conteúdo educativo limitado:

As emissões de rádio podem não ter um conteúdo educacional abrangente sobre os impactos ecológicos, ambientais e socioeconómicos das queimadas. Para desencorajar efetivamente esta prática, é crucial fornecer aos ouvintes informações detalhadas sobre práticas alternativas de gestão de terras, a importância da conservação da biodiversidade e os riscos potenciais associados a incêndios não controlados.

Estratégias alternativas:

Para superar os desafios associados à comunicação via rádio, recomenda-se uma abordagem multifacetada. Isto inclui combinar emissões de rádio com programas de envolvimento da comunidade, alavancar plataformas de redes sociais e utilizar líderes da comunidade local como mensageiros. O envolvimento das comunidades locais no desenvolvimento e na realização de campanhas anti-bush burning pode aumentar a sua relevância e eficácia.

Embora a rádio possa desempenhar um papel na sensibilização para os problemas associados às queimadas, é essencial reconhecer as limitações e desafios associados a este meio. Ultrapassar questões como o alcance limitado, as barreiras linguísticas, a falta de interatividade e a frequência insuficiente requer a integração de estratégias alternativas que potenciem vários canais de comunicação. Ao adotar uma abordagem multifacetada, podemos efetivamente desencorajar as queimadas e promover práticas responsáveis de gestão do território.

2.3 Revisão de estudos/trabalhos empíricos

Johnson (2018) investigou o impacto das campanhas de rádio na queima de arbustos na Nigéria rural. Os principais objectivos eram examinar a eficácia das campanhas de rádio para desencorajar as práticas de queima de arbustos.

O estudo concluiu que as campanhas de rádio reduziram significativamente os casos de queimadas nas zonas rurais. Também se verificou que o aumento da consciencialização e do conhecimento sobre as consequências negativas das queimadas contribuiu para mudanças de comportamento entre a população local.

O estudo concluiu que as campanhas de rádio podem desempenhar um papel crucial no desencorajamento das queimadas nas comunidades rurais da Nigéria. O estudo recomendou, entre outros, que o governo deveria investir em campanhas de rádio sustentadas, incorporando línguas locais e referências culturais para maximizar o seu impacto.

Oladipo (2016) realizou um estudo intitulado "Percepções da rádio como ferramenta de prevenção de queimadas na Nigéria". Os principais objectivos eram explorar as percepções da população local sobre a rádio como meio de prevenir as queimadas. Os resultados revelaram que a rádio era uma fonte de informação amplamente acedida e de confiança nas comunidades rurais. Os participantes reconheceram o potencial da rádio para educar e consciencializar sobre os efeitos negativos das queimadas, mas enfatizaram a necessidade de mensagens consistentes e reforço. O estudo concluiu que a rádio pode servir como uma ferramenta eficaz para prevenir as queimadas, mas requer mensagens consistentes e reforço para produzir mudanças de comportamento duradouras. O estudo recomendou que as estações de rádio devem colaborar com as comunidades locais para desenvolver programas direcionados e envolver-se em acompanhamentos regulares para reforçar as mensagens contra as queimadas.

Mohammed (2019) investigou a eficácia da dramatização radiofónica no desencorajamento das práticas de queima de mato na Nigéria. O estudo procurou avaliar a eficácia do drama de rádio no desencorajamento das práticas de queima de arbustos. os resultados revelaram que o estudo descobriu que o drama de rádio, com sua abordagem envolvente de contar histórias, teve um impacto significativo nas atitudes e comportamentos relacionados à queima de arbustos. Os ouvintes relataram um nível mais elevado de ligação emocional e de retenção de informação em comparação com outras formas de comunicação. O estudo concluiu que a dramatização radiofónica pode ser uma ferramenta eficaz para desencorajar as práticas de queimadas, evocando respostas emocionais e promovendo a mudança de comportamento. O estudo recomendou que as estações de rádio investissem na produção de peças radiofónicas de alta qualidade que retratassem as consequências negativas das queimadas e destacassem práticas alternativas para a gestão sustentável da terra.

Okonkwo (2017) fez um estudo sobre "O papel da rádio comunitária no combate à queima de mato na Nigéria". O principal objetivo era examinar o papel da rádio comunitária no combate às práticas de queima de mato a nível local. As principais conclusões revelaram que as estações de rádio comunitárias tinham uma vantagem única em alcançar e envolver-se com as populações rurais. A natureza participativa dos programas de rádio comunitária permitiu o diálogo, a partilha de conhecimentos e a co-criação de soluções para lidar com as queimadas. O estudo concluiu que as estações de rádio comunitárias podem combater eficazmente os incêndios florestais, promovendo a participação da comunidade, o diálogo e a disseminação de informação localizada. O estudo recomendou que o governo apoiasse e capacitasse as estações de rádio comunitárias para desempenharem um papel mais ativo na prevenção dos incêndios florestais através da capacitação e assistência financeira.

Adeolu e Ibrahim (2018) realizaram um estudo sobre "O impacto das campanhas de rádio nas queimadas na Nigéria". Os principais objectivos visavam avaliar a eficácia das campanhas de rádio na redução dos incidentes de queimadas na Nigéria. O estudo concluiu que as campanhas de rádio centradas nas consequências ambientais e socioeconómicas das queimadas reduziram significativamente a incidência de tais actividades. A consciencialização e o conhecimento das comunidades rurais aumentaram, levando a uma diminuição das práticas de queimadas. O estudo concluiu que as campanhas de rádio podem desempenhar um papel crucial no desencorajamento das queimadas, educando as comunidades sobre os seus efeitos negativos. O estudo recomendou a afetação de mais recursos para sustentar as campanhas de rádio, incorporar as línguas locais e as sensibilidades culturais, e colaborar com os líderes e organizações da comunidade local.

Okonkwo (2019) fez um estudo intitulado "A influência dos programas de rádio nas atitudes em relação à queima de mato na Nigéria". Os principais objetivos eram examinar a influência dos programas de rádio nas atitudes em relação à queima de arbustos entre as comunidades rurais na Nigéria. O estudo revelou que a exposição a programas de rádio que discutem as consequências ecológicas, sanitárias e económicas das queimadas influenciou positivamente as atitudes. Os ouvintes tinham mais probabilidades de considerar as queimadas como prejudiciais e estavam motivados para adotar práticas alternativas.

O estudo concluiu que os programas de rádio podem efetivamente mudar as atitudes em relação às queimadas, levando a uma mudança de comportamento. O estudo recomendou a colaboração com estações de rádio locais para desenvolver programas envolventes e informativos, realizar avaliações de impacto para medir mudanças de atitude e integrar campanhas de rádio com iniciativas no terreno.

Oladele e Mohammed (2020) efectuaram um estudo sobre "O papel da rádio na prevenção de queimadas na Nigéria rural". O principal objetivo era explorar o papel da rádio na prevenção de incidentes com queimadas nas zonas rurais da Nigéria e examinar os factores que influenciam a sua eficácia.

O estudo concluiu que a rádio desempenhou um papel significativo na divulgação de informação sobre as consequências negativas das queimadas. No entanto, o acesso aos rádios, os problemas de fornecimento de energia e a cobertura limitada do programa foram identificados como barreiras à sua eficácia. O estudo concluiu que, embora a rádio tenha o potencial de prevenir os incêndios florestais, os desafios relacionados com a acessibilidade e a cobertura têm de ser resolvidos para um impacto ótimo. O estudo recomendou que se melhorasse o acesso a rádios através de iniciativas baseadas na comunidade, que se melhorasse o fornecimento de energia eléctrica nas zonas rurais e que se expandisse a cobertura dos programas de rádio sobre queimadas.

2.4 Quadro teórico

Este estudo baseia-se na teoria da agenda setting.

2.4.1 Teoria da fixação da agenda

Os defensores desta teoria, incluindo McCombs e Shaw, em 1972/1973, fizeram referência à função de agenda setting dos meios de comunicação social. No seu estudo sobre as eleições presidenciais de 1968 na América, conseguiram determinar o grau em que os meios de comunicação social determinam a opinião pública. A teoria afirma que os media definem a agenda da participação política. Descreve a "capacidade dos meios de comunicação social para influenciar a importância dos temas na agenda pública".

De acordo com esta teoria, as audiências dos meios de comunicação social consideram importante o que os meios de comunicação consideram importante. Por conseguinte, os media ajudam as pessoas a determinar o que é importante no discurso público. A teoria descreve a influência muito poderosa dos meios de comunicação social, a capacidade dos meios de comunicação social para nos dizerem que questões são importantes e que pessoas são importantes na sociedade. As questões e os indivíduos que os media escolhem para publicitar tornam-se as questões e os indivíduos sobre os quais pensamos e falamos. As audiências da rádio atribuem um grande nível de importância às mensagens que recebem da rádio, aos assuntos discutidos e às notícias divulgadas, uma vez que a imprensa tem grande sucesso em dizer às pessoas o que pensar.

Cohen (1963), em Baran e Davis (2013), explicou ainda que "a imprensa é significativamente mais do que um fornecedor de informação e opinião; pode não ser bem-sucedida na maior parte do tempo em dizer às pessoas o que pensar, mas é incrivelmente bem-sucedida em dizer aos seus leitores o que pensar sobre os meios de comunicação social. De acordo com Folarin (2015), a definição da agenda é dependente: Da quantidade e frequência das notícias; Do destaque dado às notícias, através de títulos, imagens e layout em jornais, revistas, filmes, gráficos, e atualidade das notícias de rádio e televisão; Do grau de conflito gerado nas notícias; e Dos efeitos cumulativos dos media em eventos específicos ao longo do tempo. Esta afirmação mostra que o efeito dos meios de comunicação social nem sempre é imediato, mas com consistência na divulgação das notícias, podem dar o tom do dia.

Esta teoria torna-se relevante para este estudo porque os meios de comunicação social podem dizer ao público o que pensar sobre os meios de comunicação social e também sobre um determinado assunto, como as queimadas e a importância a atribuir à questão das queimadas entre as comunidades agrícolas, a partir da quantidade de informação recebida através dos programas educativos da rádio.

2.5 Resumo do capítulo

O capítulo analisou os conceitos de rádio, programação radiofónica e bush burning. A literatura relevante relacionada foi revista. Além disso, foi feita uma revisão de estudos empíricos para dar credibilidade ao estudo. A partir da literatura revista, verificou-se que as estratégias de comunicação empregues pelas estações de rádio na Nigéria para desencorajar as queimadas desempenham um papel crucial na sensibilização, na promoção de alternativas sustentáveis e na promoção de mudanças de comportamento. O estudo baseou-se na teoria da agenda setting que descreve a influência muito poderosa dos meios de comunicação social, a capacidade dos meios de comunicação social de nos dizerem quais as questões importantes e quais as pessoas importantes na sociedade.

CAPÍTULO TRÊS
METODOLOGIA DE INVESTIGAÇÃO

3.1 Concepção da investigação

O método de investigação utilizado para este trabalho é o inquérito. De acordo com Kerlinger (1979), a investigação por inquérito pode ser descrita como a investigação em que as amostras são escolhidas e estudadas numa tentativa de descobrir a incidência relativa, a distribuição e a inter-relação de variáveis sociológicas e fisiológicas. Além disso, o método de investigação por inquérito tem certas vantagens, como afirmam Wimmer e Dominic (1987). Em primeiro lugar, pode ser recolhida com relativa facilidade uma grande quantidade de dados junto de uma variedade de pessoas com diferentes antecedentes demográficos e psicográficos. Em segundo lugar, o instrumento de investigação pode ser utilizado para investigar problemas num ambiente realista, em vez de num laboratório ou numa sala de projeção, e o custo do inquérito é razoável. Por último, os dados são úteis quando já existe um inquérito que pode ser utilizado como fonte primária ou secundária de informação para apoiar o inquérito.

3.2 População do estudo

A população escolhida para esta investigação incluía estudantes, funcionários públicos e empresários do Estado de Benue. De acordo com o Gabinete Nacional de Estatística, a população projectada para o Estado de Benue é de 5 741 800 habitantes (NBS 2023).

3.3 Dimensão da amostra

Para obter uma dimensão exacta da amostra da população, os investigadores utilizaram a fórmula de Taro Yamane para determinar a dimensão da amostra da população. Taro Yamane (1967). A fórmula de Taro Yamane é a seguinte

$$N = \frac{N}{1+N(e)^2}$$

$$\text{Tamanho da amostra} = \frac{5{,}741{,}800}{1+5{,}741{,}800(.05)^2}$$

$$\frac{5{,}741{,}800}{1+5{,}741{,}800(0.0025)}$$

$$5{,}741{,}800 \text{ X } 0.0025 = 14{,}354.5$$

$$5.741.800 \text{ dividir por } 14.354{,}5 = 400$$

Por conseguinte, n = 400

3.4 Técnica e procedimento de amostragem

As técnicas de amostragem aleatória e de amostragem intencional foram utilizadas para selecionar a amostra para a população deste estudo. A técnica de amostragem aleatória simples foi utilizada para selecionar algumas autarquias locais específicas do Estado de Benue, com base na sua relevância para o estudo. O investigador escreveu os nomes das diferentes autarquias locais do Estado de Benue num papel, dobrou-os e colocou-os num recipiente e baralhou-os. Assim, os investigadores escolheram aleatoriamente cinco pedaços de papel com os nomes de cinco autarquias locais do Estado de Benue. Este resultado mostrou que Makurdi, Ukum, Ogbadibo e Obi foram escolhidos para a administração do questionário. Por conseguinte, o investigador utilizou a técnica de amostragem intencional para selecionar 80 inquiridos de cada uma das administrações locais supramencionadas para administrar o questionário relativo a este estudo, o que perfaz um total de 400 inquiridos.

3.5 Instrumento de investigação e administração

O instrumento de investigação utilizado para este estudo foi o questionário, que foi administrado a 400 inquiridos a fim de obter as informações necessárias para o estudo. A escolha do questionário baseia-se no que Kreeps (1991) disse sobre o questionário - pode ser produzido em massa e distribuído de forma barata. Os investigadores foram pessoalmente ao terreno e aplicaram as 400 cópias do questionário aos inquiridos para obter informações relevantes para o estudo.

3.6 Fontes de recolha de dados

As fontes primárias e secundárias foram ambas utilizadas na recolha de dados para a investigação. As fontes primárias foram obtidas a partir das questões de investigação colocadas no questionário, enquanto as fontes secundárias foram obtidas a partir de materiais de biblioteca, tais como livros, revistas, artigos não publicados, bem como fontes em linha.

3.7 Método de análise de dados

Os dados recolhidos para o estudo foram apresentados em tabelas com percentagens simples utilizadas para determinar a frequência das respostas em cada pergunta do questionário. Por outras palavras, os dados recolhidos para a investigação foram analisados através de estatísticas simples, enquanto os pormenores sobre a frequência das respostas foram expressos por palavras.

CAPÍTULO QUATRO
APRESENTAÇÃO E ANÁLISE DE DADOS

4.1 Apresentação dos dados

Este capítulo procura apresentar os dados recolhidos no inquérito realizado pelo investigador através do questionário administrado. O investigador distribuiu 400 exemplares do questionário e apenas 379 foram recuperados, tendo os restantes 21 sido incorretamente preenchidos. Por conseguinte, a apresentação e a análise serão feitas com base nas respostas dos 379 inquiridos.

Quadro 1: Dados demográficos dos inquiridos

Opções	Frequência	Percentagem %
Masculino	175	46
Feminino	204	54
Total	**379**	**100**
Opções	**Frequência**	**Percentagem %**
18-25	138	36
26-35	106	28
36-45	56	15
46 -50	38	10
50 e mais	32	8
Total	**379**	**100**
Opções	**Frequência**	**Percentagem %**
Comerciante	51	13
Agricultor	101	26
Funcionário público	100	26
Estudante	71	19
Artesão	56	15
Total	**379**	**100**
Opções	**Frequência**	**Percentagem %**
Individual	193	51
Casado	113	30
Divorciado	45	12
Separados	28	7
Total	**379**	**100**

Fonte: Inquérito de campo, 2024

O Quadro 1 procurou conhecer os dados demográficos dos inquiridos. A distribuição por género revelou que 175 inquiridos (46%) eram do sexo masculino e 204 inquiridos (54%) do sexo feminino. Isto implica que o estudo não foi tendencioso em termos de género. Além disso, implica que as mulheres dominaram o estudo. A distribuição etária dos inquiridos indicou que 138 (36%) tinham idades compreendidas entre os 18 e os 25 anos, 106 (28%) situavam-se na faixa etária dos 25 aos 35 anos, 56 inquiridos (15%) tinham idades compreendidas entre os 36 e os 45 anos, 38 (10%) tinham idades compreendidas entre os 46 e os 50 anos e 32 (8%) tinham 50 anos ou mais. Além disso, a distribuição profissional dos inquiridos revelou que 51 inquiridos (13%) eram comerciantes, 101 (26%) eram agricultores, 100 (26%) eram funcionários públicos, 71 (19%) eram estudantes e 56 (15%) eram artesãos. Além disso, a distribuição educacional mostrou que 84 inquiridos (22%) frequentaram a escola primária, 121 (32%) frequentaram a escola secundária e 177 (46%) frequentaram uma instituição terciária.

Isto implica que os inquiridos são suficientemente alfabetizados para responder ao questionário. Por último, a distribuição conjugal revelou que 193 (53%) eram solteiros, enquanto 113 (30%) eram casados. Além disso, 45 (12%) eram divorciados e 28 (7%) eram viúvos.

Tabela 2: Conhecimento dos inquiridos sobre os programas agrícolas de rádio que podem ser utilizados na campanha contra os incêndios florestais no Estado de Benue

Opções	Frequência	Percentagem %
Sim, eu sou	379	100
Não, não estou	--	--
Total	**379**	**100**

Fonte: Inquérito de campo, 2024

A Tabela 2 procurou descobrir o conhecimento dos inquiridos sobre os programas agrícolas de rádio que podem ser utilizados na campanha contra as queimadas no Estado de Benue. Os dados da tabela mostram que todos os 379 inquiridos (100%) concordaram que conhecem os programas agrícolas de rádio que podem ser utilizados na campanha contra as queimadas no Estado de Benue. Isto implica que os inquiridos conhecem os programas agrícolas de rádio que podem ser utilizados na campanha contra as queimadas no Estado de Benue, como revelado por uma maioria absoluta de 379 (100%).

Quadro 3: Programas agrícolas radiofónicos que podem ser utilizados na campanha contra os incêndios florestais no Estado de Benue

Opções	**Frequência**	**Percentagem %**
Boletim dos Agricultores	138	36
Encher o cesto	133	35
Você e o seu ambiente	97	26
Todas as opções anteriores	11	3
Total	**379**	**100**

Fonte: Inquérito de campo, 2024

A Tabela 3 procurou estabelecer os programas agrícolas de rádio que podem ser usados na campanha contra as queimadas no Estado de Benue. Os dados da tabela mostraram que 138 (36%) disseram que os agricultores digerem os programas agrícolas de rádio que podem ser usados na campanha contra as queimadas no Estado de Benue, 133 (35%) concordaram que encher o cesto é o programa agrícola de rádio que pode ser usado na campanha contra as queimadas no Estado de Benue, 97 (26%) afirmaram que você e o seu ambiente, enquanto 11 (3%) opinaram que os programas agrícolas de rádio que podem ser usados na campanha contra as queimadas no Estado de Benue incluem os agricultores digerem, encher o cesto e você e o seu ambiente. Isto implica que vários programas agrícolas de rádio são utilizados na campanha contra as queimadas no Estado de Benue, como revelam os dados da tabela.

Quadro 4: Conhecimento dos inquiridos sobre o impacto dos programas agrícolas da rádio na campanha contra os incêndios florestais no Estado de Benue

Opções	Frequência	Percentagem %
Sim, eu sou	379	100
Não, não estou	--	--
Total	**379**	**100**

Fonte: Inquérito de campo, 2024

A Tabela 4 procurou saber se os inquiridos sabem qual o impacto dos programas agrícolas da rádio na campanha contra as queimadas no Estado de Benue. Os dados da tabela indicam que todos os 379 inquiridos (100%) concordaram que estão cientes do impacto dos programas agrícolas da rádio na campanha contra as queimadas no Estado de Benue. Isto implica que os inquiridos conhecem o impacto dos programas agrícolas da rádio na campanha contra as queimadas no Estado de Benue, como revelado por uma maioria absoluta de 379 (100%).

Quadro 5: Impacto dos programas agrícolas de rádio na campanha contra os incêndios florestais no Estado de Benue

Opções	Frequência	Percentagem %
Muito impactante	187	49
Impactante	92	24
Menos impactante	83	22
Sem impacto	17	4
Total	**379**	**100**

Fonte: Inquérito de campo, 2024

A Tabela 5 procurou determinar o impacto dos programas agrícolas da rádio na campanha contra as queimadas no Estado de Benue. Evidentemente, 187 (49%) concordaram que os programas agrícolas da rádio têm muito impacto na campanha contra as queimadas no Estado de Benue. 92 (24%) opinaram que os programas agrícolas da rádio têm impacto na campanha contra as queimadas no Estado de Benue. 83 (22%) concordaram que os programas agrícolas da rádio têm menos impacto na campanha contra os incêndios florestais no Estado de Benue. Além disso, 17 (4%) notaram que os programas agrícolas da rádio não têm impacto na campanha contra as queimadas no Estado de Benue. Isto implica que os programas agrícolas da rádio têm muito impacto na campanha contra as queimadas no Estado de Benue, como revelado por uma maioria marginal de 187 (49%).

Quadro 6: Consciência dos inquiridos sobre a eficácia dos programas agrícolas de rádio na campanha contra os incêndios florestais no Estado de Benue

Opções	Frequência	Percentagem %
Sim, eu sei	379	100
Não, não tenho	--	--
Total	**379**	**100**

Fonte: Inquérito de campo, 2024

A Tabela 6 procurou saber se os inquiridos conhecem a eficácia dos programas agrícolas da rádio na campanha contra as queimadas no Estado de Benue. Os dados da tabela revelaram que todos os 379 inquiridos (100%) conhecem a eficácia dos programas agrícolas da rádio na campanha contra as queimadas no Estado de Benue. Isto implica que os inquiridos conhecem a eficácia dos programas agrícolas da rádio na campanha contra as queimadas no Estado de Benue.

Quadro 7: Eficácia dos programas agrícolas de rádio na campanha contra os incêndios florestais no Estado de Benue

Opções	Frequência	Percentagem
Muito eficaz	135	36
Eficaz	127	32
Não eficaz	117	31
Total	**379**	**100**

Fonte: Inquérito de campo, 2024

A Tabela 7 procurou determinar a eficácia dos programas agrícolas da rádio na campanha contra as queimadas no Estado de Benue. Evidentemente, 135 (36%) observaram que os programas agrícolas da rádio são muito eficazes na campanha contra as queimadas no Estado de Benue, 127 (32%) concordaram que os programas agrícolas da rádio são eficazes na campanha contra as queimadas no Estado de Benue, enquanto 117 (31%) afirmaram que os programas agrícolas da rádio não são eficazes na campanha contra as queimadas no Estado de Benue. Isto implica que os programas agrícolas da rádio são muito eficazes na campanha contra as queimadas no Estado de Benue, como revelado por uma maioria marginal de 135 (36%).

Quadro 8: Conhecimento dos inquiridos sobre os factores que impedem os programas agrícolas da rádio na campanha contra os incêndios florestais no Estado de Benue

Opções	Frequência	Percentagem %
Sim, eu sei	379	100
Não, não tenho	--	--
Total	**379**	**100**

Fonte: Inquérito de campo, 2024

A Tabela 8 procurou descobrir o conhecimento dos inquiridos sobre os factores que impedem os programas agrícolas da rádio na campanha contra as queimadas no Estado de Benue. Os dados da tabela mostram que todos os 379 inquiridos conhecem os factores que dificultam os programas agrícolas da rádio na campanha contra os incêndios florestais no Estado de Benue. Isto implica que os inquiridos conhecem os factores que dificultam os programas agrícolas da rádio na campanha contra as queimadas no Estado de Benue, como mostra a maioria absoluta dos 379 inquiridos (100%).

Quadro 9: Factores que dificultam os programas agrícolas da rádio na campanha contra os incêndios florestais no Estado de Benue

Opções	Frequência	Percentagem %
Conteúdo deficiente do programa	102	27
Língua de difusão	101	27
Escassez de ouvintes de programas de rádio	93	25
Todas as opções anteriores	83	22
Total	**379**	**100**

Fonte: Inquérito de campo, 2024

A Tabela 8 procurou descobrir os factores que impedem os programas agrícolas da rádio na campanha contra as queimadas no Estado de Benue. Os dados da tabela indicaram que 102

(27%) notaram que o conteúdo pobre do programa é um fator que impede os programas agrícolas da rádio na campanha contra as queimadas no Estado de Benue, 101 (27%) afirmaram que a língua de transmissão é outro fator que impede os programas agrícolas da rádio na campanha contra as queimadas no Estado de Benue, 93 (25%) opinaram que a escassez de ouvintes dos programas de rádio é outro fator que dificulta os programas agrícolas de rádio na campanha contra as queimadas no Estado de Benue, enquanto 83 (22%) concordaram que os factores que dificultam os programas agrícolas de rádio na campanha contra as queimadas no Estado de Benue incluem um conteúdo deficiente dos programas e a língua de emissão. Isto implica que existem vários factores que dificultam os programas agrícolas da rádio na campanha contra as queimadas no Estado de Benue, como demonstrado por uma maioria marginal de 102 (27%).

4.2 Resposta à pergunta de investigação

Esta secção do estudo procura dar resposta à questão de investigação anteriormente colocada no primeiro capítulo do estudo.

Primeira pergunta de investigação: Quais são os programas agrícolas de rádio que podem ser utilizados na campanha contra as queimadas no Estado de Benue?

Para responder a esta questão de investigação, foram utilizados os quadros 2 e 3. Os dados da tabela 2 mostram que os dados da tabela mostram que todos os 379 inquiridos (100%) concordaram que conhecem os programas agrícolas de rádio que podem ser utilizados na campanha contra as queimadas no Estado de Benue. Isto implica que os inquiridos conhecem os programas agrícolas de rádio que podem ser utilizados na campanha contra as queimadas no Estado de Benue, como revelado por uma maioria absoluta de 379 (100%). Os dados da tabela 3 mostraram que 138 (36%) disseram que os agricultores digerem os programas agrícolas de rádio que podem ser usados na campanha contra as queimadas no Estado de Benue, 133 (35%)

concordaram que encher o cesto é o programa agrícola de rádio que pode ser usado na campanha contra as queimadas no Estado de Benue, 97 (26%) afirmaram que você e o seu ambiente, enquanto 11 (3%) opinaram que os programas agrícolas de rádio que podem ser usados na campanha contra as queimadas no Estado de Benue incluem os agricultores digerem, enchem o cesto e você e o seu ambiente. Isto implica que vários programas agrícolas de rádio são utilizados na campanha contra as queimadas no Estado de Benue, como revelam os dados da tabela.

Segunda questão de investigação: Qual é o impacto dos programas agrícolas de rádio na campanha contra as queimadas no Estado de Benue?

Os quadros 4 e 5 foram consultados antes de responder a esta questão de investigação. Os dados da Tabela 4 indicam que todos os 379 inquiridos (100%) concordaram que estão cientes do impacto dos programas agrícolas da rádio na campanha contra as queimadas no Estado de Benue. Isto implica que os inquiridos conhecem o impacto dos programas agrícolas da rádio na campanha contra as queimadas no Estado de Benue, como revelado por uma maioria absoluta de 379 (100%). Na tabela 5, é evidente que 187 (49%) concordaram que os programas agrícolas da rádio têm um grande impacto na campanha contra as queimadas no Estado de Benue. 92 (24%) opinaram que os programas agrícolas da rádio têm impacto na campanha contra as queimadas no Estado de Benue. 83 (22%) concordaram que os programas agrícolas da rádio têm menos impacto na campanha contra as queimadas no Estado de Benue. Além disso, 17 (4%) notaram que os programas agrícolas da rádio não têm impacto na campanha contra as queimadas no Estado de Benue. Isto implica que os programas agrícolas da rádio têm muito impacto na campanha contra as queimadas no Estado de Benue, como revelado por uma maioria marginal de 187 (49%).

Questão de investigação três: Qual a eficácia dos programas agrícolas da rádio na campanha contra as queimadas no Estado de Benue?

As tabelas 6 e 7 foram muito úteis para responder a esta questão de investigação. Os dados da tabela 6 revelaram que todos os 379 inquiridos (100%) conhecem a eficácia dos programas agrícolas da rádio na campanha contra as queimadas no Estado de Benue. Isto implica que os inquiridos conhecem a eficácia dos programas agrícolas da rádio na campanha contra as queimadas no Estado de Benue. Na tabela 7, 135 (36%) observaram que os programas agrícolas da rádio são muito eficazes na campanha contra as queimadas no Estado do Benue, 127 (32%) concordaram que os programas agrícolas da rádio são eficazes na campanha contra as queimadas no Estado do Benue, enquanto 117 (31%) afirmaram que os programas agrícolas da rádio não são eficazes na campanha contra as queimadas no Estado do Benue. Isto implica que os programas agrícolas da rádio são muito eficazes na campanha contra as queimadas no Estado de Benue, como revelado por uma maioria marginal de 135 (36%).

Quarta questão de investigação: Quais são os factores que dificultam os programas agrícolas da rádio na campanha contra as queimadas no Estado de Benue?

Os quadros 8 e 9 respondem a esta questão de investigação. Os dados da tabela 8 mostram que todos os 379 inquiridos conhecem os factores que dificultam os programas agrícolas da rádio na campanha contra as queimadas no Estado de Benue. Isto implica que os inquiridos conhecem os factores que dificultam os programas agrícolas da rádio na campanha contra as queimadas no Estado de Benue, como mostra a maioria absoluta dos 379 inquiridos (100%).

Os dados da tabela 9 indicam que 102 (27%) notaram que a falta de conteúdo dos programas é um fator que prejudica os programas agrícolas da rádio na campanha contra as queimadas no Estado de Benue, 101 (27%) afirmaram que a língua da emissão é outro fator que prejudica os programas agrícolas da rádio na campanha contra as queimadas no Estado de Benue, 93 (25%) opinaram que a escassez de ouvintes dos programas de rádio é outro fator que dificulta os programas agrícolas de rádio na campanha contra as queimadas no Estado de Benue, enquanto 83 (22%) concordaram que os factores que dificultam os programas agrícolas de rádio na campanha contra as queimadas no Estado de Benue incluem um conteúdo deficiente dos programas e a língua de emissão. Isto implica que existem vários factores que dificultam os programas agrícolas da rádio na campanha contra as queimadas no Estado de Benue, como demonstrado por uma maioria marginal de 102 (27%).

4.3 Discussão dos resultados

Este estudo foi concebido para avaliar a influência dos programas agrícolas de rádio na campanha contra as queimadas no Estado de Benue. Tem os seguintes objectivos: determinar os programas agrícolas radiofónicos que podem ser utilizados na campanha contra as queimadas no Estado de Benue, avaliar o impacto dos programas agrícolas radiofónicos na campanha contra as queimadas no Estado de Benue, determinar a eficácia dos programas agrícolas radiofónicos na campanha contra as queimadas no Estado de Benue e estabelecer os factores que dificultam os programas agrícolas radiofónicos na campanha contra as queimadas no Estado de Benue.

O objetivo um procurou determinar os programas agrícolas de rádio que podem ser utilizados na campanha contra as queimadas no Estado de Benue. Os resultados revelaram que vários programas agrícolas radiofónicos, tais como o farmers digest, o filling the basket e o you and your environment, foram utilizados na campanha contra as queimadas no Estado de Benue. Os quadros 2 e 3 corroboram este ponto de vista. Os dados da tabela 2 mostram que os dados da tabela mostram que todos os 379 inquiridos (100%) concordaram que conhecem os programas agrícolas de rádio que podem ser utilizados na campanha contra as queimadas no Estado de Benue. Isto implica que os inquiridos conhecem os programas agrícolas de rádio que podem ser utilizados na campanha contra as queimadas no Estado de Benue, como revelado por uma maioria absoluta de 379 (100%). Os dados da tabela 3 mostraram que 138 (36%) disseram que os agricultores digerem os programas agrícolas de rádio que podem ser usados na campanha contra as queimadas no Estado de Benue, 133 (35%) concordaram que encher o cesto é o programa agrícola de rádio que pode ser usado na campanha contra as queimadas no Estado de Benue, 97 (26%) afirmaram que você e o seu ambiente, enquanto 11 (3%) opinaram que os programas agrícolas de rádio que podem ser usados na campanha contra as queimadas no Estado de Benue incluem os agricultores digerem, enchem o cesto e você e o seu ambiente. Isto implica que vários programas agrícolas de rádio são utilizados na campanha contra as queimadas no Estado de Benue, como revelam os dados da tabela. Ayande (2015) corroborou esta conclusão quando observou que as estratégias de comunicação empregues pelas estações de rádio na Nigéria para desencorajar as queimadas desempenham um papel crucial na sensibilização, na promoção de alternativas sustentáveis e na promoção de mudanças de comportamento. Mensagens direcionadas, envolvimento da comunidade, vozes de especialistas e o uso de línguas locais emergiram como estratégias eficazes na abordagem deste desafio ambiental. Para aumentar a eficácia da comunicação via rádio.

O objetivo dois procurou determinar o impacto dos programas agrícolas da rádio na campanha contra as queimadas no Estado de Benue. Os resultados revelaram que os programas agrícolas da rádio têm um grande impacto na campanha contra as queimadas no Estado de Benue. Os quadros 4 e 5 corroboram esta conclusão. Os dados da Tabela 4 indicam que todos os 379 inquiridos (100%) concordaram que estão cientes do impacto dos programas agrícolas da rádio na campanha contra as queimadas no Estado de Benue. Isto implica que os inquiridos conhecem o impacto dos programas agrícolas da rádio na campanha contra as queimadas no Estado de Benue, como revelado por uma maioria absoluta de 379 (100%). Na tabela 5, é evidente que 187 (49%) concordaram que os programas agrícolas da rádio têm um grande impacto na campanha contra as queimadas no Estado de Benue. 92 (24%) opinaram que os programas agrícolas da rádio têm impacto na campanha contra as queimadas no Estado de Benue. 83 (22%) concordaram que os programas agrícolas da rádio têm menos impacto na campanha contra os incêndios florestais no Estado de Benue. Além disso, 17 (4%) notaram que os programas agrícolas da rádio não têm impacto na campanha contra as queimadas no Estado de Benue. Isto implica que os programas agrícolas da rádio têm muito impacto na campanha contra as queimadas no Estado de Benue, como revelado por uma maioria marginal de 187 (49%). Agada (2016) corroborou esta conclusão quando argumentou que a rádio tem provado ser um meio eficaz para causar impacto e mudanças significativas na sociedade. Tem sido utilizada em algumas campanhas muito notáveis, como a campanha contra a toxicodependência, a campanha contra a covid-19, etc. Durante a pandemia de covid-19, programas de rádio como o *Radio Doctor* desempenharam um papel importante, uma vez que forneceram actualizações diárias sobre o número de infecções de pacientes, quer este aumentasse ou diminuísse em todo o mundo.

O objetivo três procurou determinar a eficácia dos programas agrícolas de rádio na campanha contra as queimadas no Estado de Benue. As conclusões indicaram que os programas agrícolas de rádio são muito eficazes na campanha contra as queimadas no Estado de Benue. Os quadros 6 e 7 corroboram esta conclusão. Os dados da tabela 6 revelaram que todos os 379 inquiridos (100%) conhecem a eficácia dos programas agrícolas da rádio na campanha contra as queimadas no Estado de Benue. Isto implica que os inquiridos conhecem a eficácia dos programas agrícolas da rádio na campanha contra as queimadas no Estado de Benue. Na tabela 7, 135 (36%) observaram que os programas agrícolas da rádio são muito eficazes na campanha contra as queimadas no Estado do Benue, 127 (32%) concordaram que os programas agrícolas da rádio são eficazes na campanha contra as queimadas no Estado do Benue, enquanto 117 (31%) afirmaram que os programas agrícolas da rádio não são eficazes na campanha contra as queimadas no Estado do Benue. Isto implica que os programas agrícolas da rádio são muito eficazes na campanha contra as queimadas no Estado de Benue, como revelado por uma maioria marginal de 135 (36%). Esta constatação está de acordo com Agada (2021), quando observou que a utilização da rádio como ferramenta para desencorajar esta prática tem sido estudada como forma de educar e sensibilizar as comunidades agrícolas para os impactos negativos das queimadas e para métodos agrícolas alternativos.

O objetivo quatro procurou estabelecer os factores que prejudicam os programas agrícolas da rádio na campanha contra as queimadas no Estado de Benue. Os resultados mostraram que vários factores, como o conteúdo deficiente dos programas e a língua de emissão, prejudicam os programas agrícolas da rádio na campanha contra as queimadas no Estado de Benue. Os dados da tabela 8 mostram que todos os 379 inquiridos conhecem os factores que prejudicam os programas agrícolas da rádio na campanha contra as queimadas no Estado de Benue. Isto implica que os inquiridos conhecem os factores que dificultam os programas agrícolas da rádio na campanha contra as queimadas no Estado de Benue, como mostra a maioria absoluta dos 379 inquiridos (100%).

Os dados da tabela 9 indicam que 102 (27%) notaram que a falta de conteúdo dos programas é um fator que prejudica os programas agrícolas da rádio na campanha contra as queimadas no Estado de Benue, 101 (27%) afirmaram que a língua de transmissão é outro fator que prejudica os programas agrícolas da rádio na campanha contra as queimadas no Estado de Benue, 93 (25%) opinaram que a escassez de ouvintes dos programas de rádio é outro fator que dificulta os programas agrícolas de rádio na campanha contra as queimadas no Estado de Benue, enquanto 83 (22%) concordaram que os factores que dificultam os programas agrícolas de rádio na campanha contra as queimadas no Estado de Benue incluem um conteúdo deficiente dos programas e a língua de emissão. Isto implica que existem vários factores que dificultam os programas agrícolas da rádio na campanha contra as queimadas no Estado de Benue, como demonstrado por uma maioria marginal de 102 (27%).

Em apoio a este ponto de vista, Ameh (2016) opinou que as emissões de rádio podem não ter um conteúdo educacional abrangente sobre os impactos ecológicos, ambientais e socioeconómicos das queimadas. Para desencorajar efetivamente esta prática, é crucial fornecer aos ouvintes informações detalhadas sobre práticas alternativas de gestão de terras, a importância da conservação da biodiversidade e os riscos potenciais associados a incêndios descontrolados.

CAPÍTULO CINCO
RESUMO, CONCLUSÕES E RECOMENDAÇÕES

5.1 Resumo

Os resultados revelaram que vários programas agrícolas radiofónicos, tais como o farmers digest, o filling the basket e o you and your environment, foram utilizados na campanha contra as queimadas no Estado de Benue. Os quadros 2 e 3 corroboram este ponto de vista. Os dados da tabela 2 mostram que os dados da tabela mostram que todos os 379 inquiridos (100%) concordaram que conhecem os programas agrícolas de rádio que podem ser utilizados na campanha contra as queimadas no Estado de Benue. Isto implica que os inquiridos conhecem os programas agrícolas de rádio que podem ser utilizados na campanha contra as queimadas no Estado de Benue, como revelado por uma maioria absoluta de 379 (100%).

O objetivo dois procurou determinar o impacto dos programas agrícolas de rádio na campanha contra as queimadas no Estado de Benue. Os resultados revelaram que os programas agrícolas da rádio têm um grande impacto na campanha contra as queimadas no Estado de Benue. Os quadros 4 e 5 corroboram esta conclusão. Os dados da Tabela 4 indicam que todos os 379 inquiridos (100%) concordaram que estão cientes do impacto dos programas agrícolas da rádio na campanha contra as queimadas no Estado de Benue. Isto implica que os inquiridos conhecem o impacto dos programas agrícolas da rádio na campanha contra as queimadas no Estado de Benue, como revelado por uma maioria absoluta de 379 (100%).

O objetivo três procurou determinar a eficácia dos programas agrícolas de rádio na campanha contra as queimadas no Estado de Benue. Os resultados indicaram que os programas agrícolas de rádio são muito eficazes na campanha contra as queimadas no Estado de Benue. Os quadros 6 e 7 corroboram esta conclusão. Os dados da tabela 6 revelaram que todos os 379 inquiridos (100%) conhecem a eficácia dos programas agrícolas da rádio na campanha contra as queimadas no Estado de Benue. Isto implica que os inquiridos conhecem a eficácia dos programas agrícolas da rádio na campanha contra as queimadas no Estado de Benue.

O objetivo quatro procurou estabelecer os factores que prejudicam os programas agrícolas da rádio na campanha contra as queimadas no Estado de Benue. As conclusões mostraram que vários factores, como o conteúdo deficiente dos programas e a língua de emissão, prejudicam os programas agrícolas da rádio na campanha contra as queimadas no Estado de Benue. Os dados da tabela 8 mostram que todos os 379 inquiridos conhecem os factores que dificultam os programas agrícolas da rádio na campanha contra as queimadas no Estado de Benue. Isto implica que os inquiridos conhecem os factores que dificultam os programas agrícolas da rádio na campanha contra as queimadas no Estado de Benue, como mostra a maioria absoluta dos 379 inquiridos (100%).

5.2 Conclusão

O estudo concluiu que vários programas agrícolas radiofónicos, tais como o farmers digest, o filling the basket e o you and your environment, foram utilizados na campanha contra as queimadas no Estado de Benue. Concluiu-se também que os programas agrícolas radiofónicos têm um grande impacto na campanha contra as queimadas no Estado de Benue. Concluiu-se ainda que os programas agrícolas da rádio são muito eficazes na campanha contra as queimadas no Estado de Benue. Por último, o estudo concluiu que os desafios encontrados foram a falta de conteúdo dos programas e a língua de emissão.

5.3 Recomendações

O estudo recomendou o seguinte;

1. A adoção contínua de programas de rádio na campanha contra a queima de arbustos no Estado de Benue.
2. Tendo em conta a eficácia dos programas de rádio na campanha contra as queimadas no Estado de Benue, o público deve ser encorajado a ouvir os programas agrícolas da rádio.
3. O conteúdo programático dos programas agrícolas radiofónicos deve ser modificado para garantir a sua eficácia na campanha contra as queimadas no Estado de Benue.
4. Devem ser patrocinados mais estudos sobre o impacto dos programas de rádio na campanha contra as queimadas.

Referência

Adeolu, B. & Ibrahim, Y. (2018). O impacto das campanhas de rádio na queima de arbustos na Nigéria. *Eko Journal of Media and Literacy.* 2(4) 99-118.

Agada, P., O. (2021). Abordagens de comunicação para a preservação do meio ambiente. *Revista de Ciências Ambientais.* Vol (4) Pp 34-43.

Akpan, T.A. (2019): Bush burning: Rumo ao desenvolvimento sustentável na Nigéria. *Jornal da Organização Não-Governamental Internacional (ONG).* 4(4):173-179.

Alonge, F.K. (2020). *Princípios e práticas de governação dos homens: A Nigéria e o mundo em perspetiva.* University Press plc: Ibadan.

Ayande (2015). *Radio broadcasting for environmental awareness and behavior change in Nigeria [Radiodifusão para sensibilização ambiental e mudança de comportamento na Nigéria*]. Abuja: TAP Publishing.

Bamgboye , T. (2013). *Desenvolvimento envolvente: Environment and Content of Radio Broadcasting in Nigeria (Ambiente e Conteúdo da Radiodifusão na Nigéria).* Instituto para os Media e a Sociedade & Instituto Panos África Ocidental, Lagos.

Baran S.J. & Davis D.K (2013). *Teoria da Comunicação de Massa. (6th Edition).* EUA: Thomson Wadsworth.

Dwight, O. (2018). Combatendo a queima de arbustos através da comunicação de mudança de comportamento. *Environmental Quarterly.* 56-78.

Eleazu, N. (2017). O papel dos meios de comunicação social na prevenção dos incêndios florestais na Nigéria. *Jornal dos Média e Literacia.*2(1) 67-86.

Ezeakoli, L. (2018). A rádio como ferramenta para a educação ambiental e o desenvolvimento sustentável na Nigéria. *Revista Africana de Inovação Agrícola.* 3(2) 105-128.

Fred, P. (2014). *Rádio-o meio esquecido para a interação e preservação ambiental.* Braga, Imprensa da Universidade do Minho.

Griffins, S. O (2015). *Utilização contemporânea dos media nas instituições de ensino*. Nova Jersey: Maybest Publications.

Hartman, D. (1999). *As desvantagens da comunicação via rádio* [versão para leitor]. Recuperado de http://www.eHow.com

Kuewumi, J. B. (2019). *Rádio: Como isso afeta o ouvinte pessoalmente. Jornal de Comunicação de Massa da Universidade Babcock, 2(1), 138-149.*

Lekan, O.W. (2015). *Os meios de comunicação social e a campanha contra os incêndios florestais: Views from Anambra.* Trabalho apresentado na 17ª Conferência Anual da ACCE, Universidade de Calabar:

McCombs, M., e Shaw, D. L. (1972). *The agenda-setting function of mass media.* Public Opinion Quarterly 36: p. 176-187.

McLeish, R. (2005). *Radio production.* Oxford: Focal Press, Linacre House, Jordan Hill.

Mohammed, E. (2019). Eficácia do drama de rádio no desencorajamento das práticas de queima de arbustos na Nigéria. *Journal of Information and Change.* 1(2) 77-96.

Musa, G. (2016). Utilização da rádio como ferramenta para a conservação ambiental na Nigéria. *Revista Africana de Comunicação.* 2(1) 78-99.

Myers, Y. (2018). O papel dos meios de comunicação de massa no desenvolvimento dos jovens. *Revista Pedagógica* Adal, 2(3), 56-88.

Nwosu, T. (2019). *Radio-Unilag - A jornada para uma licença de transmissão de rádio.* Ibadan: New Generation Press.

Okonkwo, J. (2017). O papel da rádio comunitária no combate à queima de mato na Nigéria. *Journal of Behavioural change.* 2(3) 134-166.

Okonkwo, J. (2019). A influência dos programas de rádio na atitude em relação à queima de arbustos na Nigéria. *Journal of Information and Change.* 2(3) 69-84.

Okunna, S. (2019). *Introdução à comunicação de massa.* Livros de Nova Geração.

Oladele, T, & Mohammed, I. (2020). O papel da rádio na prevenção de queimadas na Nigéria rural. *Jornal de Informação Agrícola.* 2(4) 66-77.

Olarinmoye, O. S. (2013). *Categorias dos media* [nota de aula]. Recuperado de Unpublished lecture note: Introduction to Educational Broadcasting.

Oliveira M., Portela P., & Santos, L.A. (Eds.).(2012) *Rádio-o Meio Esquecido para a Interação Mental Criativa e Coprodução dos Utilizadores.* Braga, Imprensa da Universidade do Minho.

Omada, E. (2012). A radiodifusão e a preservação ambiental. *Revista de informação e gestão.* 3(1) 34-49.

Onabanjo, S. (2019) *Fundamentos da redação e produção de emissões.* Lagos: Gabi Concept Ltd.

Onehi, E. (2015). Queima de mato e gestão ambiental em *África. África num palco global*: 1-22.

Onu, A. P. (2020). Impacto da rádio no desenvolvimento agrícola. *Journal of Media and Development.* 3(4), 34-55.

Oso, D, Osola, O.B & Pate, A.J. (2012). Avaliação do papel dos meios de comunicação social na divulgação de tecnologias agrícolas entre os agricultores da área governamental local de Kaduna North do Estado de Kaduna, Nigéria; *Journal of Biology, Agriculture and Healthcare.* 3(6), 67-99.

Otse, Y. U. (2013). A influência das mensagens de rádio no comportamento de queima de mato em comunidades rurais na Nigéria. *Jornal de Informação e Literacia Agrícola.* 3(4) 48-66.

Oyeyinka, B & Ayinde (2014). *Efeitos da fraude na Internet.* Em Morakinyo, E.O. e E.C. Agu (2015). Impacto percebido da fraude na Internet sobre os jovens no estado de Lagos, Lagos.

Ozowa N.V (2015). Necessidades de informação dos pequenos agricultores em África: *Boletim Trimestral da Associação Internacional de Informação Agrícola.* 3(3), 56-77.

Smith, S. (2020). *Os meios de comunicação social no ensino à distância na Nigéria no século XXI. Turkish Online Journal of Distance Education, 6(2),* 65-69.

SECÇÃO "A":

DADOS DEMOGRÁFICOS

1) Género

a) Homem [ ]

b) Feminino [ ]

2) Idade

a) 18-25 [ ]

b) 26-35 [ ]

c) 36-45 [ ]

d) 46-50 [ ]

e) 50 e mais [ ]

3) Ocupação

a) Comerciante [ ]

b) Agricultor [ ]

c) Funcionário público [ ]

d) Estudante [ ]

e) Artesão [ ]

4) Estado civil

a) Casado [ ]

b) Individual [ ]

c) Separados [ ]

SECÇÃO B:

5) Tem conhecimento de programas agrícolas de rádio que possam ser utilizados na campanha contra as queimadas no Estado de Benue?

a) Sim, sou ( )

b) Não, não sou ( )

6) Quais são os programas agrícolas de rádio que podem ser utilizados na campanha contra as queimadas no Estado de Benue?

a) Farmers Digest ( )

b) Encher o cesto ( )

c) Tu e o teu ambiente ( )

d) Todas as anteriores ( )

7) Sabe qual é o impacto dos programas agrícolas da rádio na campanha contra os incêndios florestais no Estado de Benue?

a) Sim, tenho ( )

b) Não, não tenho ( )

8) Qual o impacto dos programas agrícolas da rádio na campanha contra as queimadas no Estado de Benue?

a) Muito impactante ( )

b) Com impacto ( )

c) Menos impactante ( )

d) Sem impacto ( )

9) Sabe qual é a eficácia dos programas agrícolas da rádio na campanha contra as queimadas no Estado de Benue?

a) Sim, tenho ( )

b) Não, não tenho ( )

10) Qual é a eficácia dos programas agrícolas da rádio na campanha contra os incêndios florestais no Estado de Benue?

a) Muito eficaz ( )

b) Eficaz ( )

c) Não eficaz ( )

11) Tem conhecimento dos factores que dificultam os programas agrícolas da rádio na campanha contra os incêndios florestais no Estado de Benue?

a) Sim, tenho conhecimento ( )

b) Não, não tenho conhecimento ( )

12) Quais são os factores que dificultam os programas agrícolas da rádio na campanha contra as queimadas no Estado de Benue?

a) Conteúdo deficiente do programa ( )

b) Língua de difusão ( )

c) Escassez de ouvintes de programas radiofónicos ( )

d. Todas as anteriores ( )

FSC
www.fsc.org
MIX
Papier aus verantwortungsvollen Quellen
Paper from responsible sources
FSC® C105338

Printed by Books on Demand GmbH, Norderstedt / Germany